OURHOME

家有两个孩子的收纳术

[日] Emi 著　陈亚男 译

山东人民出版社

序　言

2008 年我开通了名为"OURHOME"的博客，以阖家幸福从"家"开始为观念主线。

我、老公和双胞胎儿女构成了我们的四口之家。我在孩子一岁半时回到工作岗位，在家务、育儿及工作的各种顾盼忙乱中，逐渐意识到必须打造一个适宜居住的家：不耗费家里人太多的时间和精力，老公可以全力投入工作，孩子可以放心玩耍，我也可以安心无压力地做家务、育儿及工作！

"家"是一家人共同生活的地方，不用刻意地打造得"完美无缺"，只希望是个整然有序的地方，有着喊着"我回来了！"想加快步伐回归的温暖。

为此，让家里的收纳系统适合每个人，简约的室内布置每个人都喜欢。"家"是根基、是平台，每个人在各自空间做自己喜欢的事情，生活中小小的旖旎风景丰盈着点点滴滴的幸福！默默相惜！

现在，我作为整理收纳顾问，召开专题研讨讲座，执笔写博客，利用原来商品策划的工作经验，从事商品开发销售的工作。

本书并无特别之处，只是记述了方便生活的日常小妙招、宜居之家的喜悦、营造适合两个孩子成长的想法等。

亲爱的读者，当您捧起此书时，希望属于您的今天又是一个美丽的日子！

目　录

序　言　2

Concept 1　观念中的简约生活　6

Concept 2　"OURHOME"营造自己的小窝　8

OURHOME PROFILE　10

Chapter 1　家人聚集的场所

Living and dining room

分解客厅！　16

客厅物品的选择原则　18

客厅保持整洁的秘诀　19

涂抹墙壁，给家上色　20

充分思考，选择地毯砖　21

还是喜欢接地气的生活　22

家人放松＝朋友也舒适　23

用黑板传达心意　24

阳台也是客厅的一部分　25

Information space

分解信息中心！　29

信息中心物品的选择规则　30

不是大收纳，自己动手　32

魔法分类盒　33

标签让今后的你更轻松　34

COLUMN 1　与老公信息共享　36

Chapter 2　家　务

Kitchen

分解厨房！　42

厨房物品的选择规则　44

巧用金属架　46

厨房也是一个种类一个箱子　47

厨房工具各一个　48

"应该有的物品"也可以没有　49

减少做饭环节，缩短时间　50

创造孩子可以独立整理的系统　51

Washroom

分解盥洗室！　54

拆下收纳的门，方便使用　56

化妆用品收纳在休闲包中　57

方便整理，家务轻松！我家的洗涤系统　58

让孩子们"一个人也可以！"的日常"衣帽柜"　60

"自己的事情自己做"每天回家后的日程表　61

Toilet

分解洗手间！　63

不铺洗手间地毯　64

可以"随时"扫除的结构　65

Closet room

分解衣橱！　67

衣橱放在离玄关最近　68

衣橱风格灵活可变　69

尽量不叠起收纳　70

临时存放处的强大威力！　71

Bedroom

分解衣橱！　73

Entrance

分解玄关！　75

按人收纳，使用方便　76

玄关放什么更方便？　77

玄关处有面大镜子心情舒畅　78

玄关是拦截物品的关口　79

防止无用物品入侵客厅的玄关系统　80

偷懒也不觉惭愧

　轻松家务妙招大揭秘！　82

COLUMN 2　选择轴心的记事本　84

Chapter 3　育　儿

Kids' space

分解孩子的空间！　92

结合成长，选择可再利用的家具　94

方便玩耍 & 易整理的模式　95

长期使用的绘本架　96

选择一生使用的生日礼物　97

孩子们各自的色彩　98

用手绘箱保存孩子作品　99

每晚睡前整理　100

孩子们的不满是机会！　101

与孩子们一起！　102

育儿难题，不过于依赖网络　103

带上孩子去旅行！　104

双子育儿生活之爱用物品　106

COLUMN 3　重视孩子的"喜欢"　108

Chapter 4　孩子的照片整理

每年做两本相册　112

披沙剖璞"珍藏本"　114

包揽万千"粗犷本"　118

"印刷不拘一格"　120

"摄影丰富多彩"　121

为了长期持续，先了解方法

　孩子的照片整理 Q&A　122

后　记　124

Concept 1

观念中的简约生活

也许是肩负着"整理收纳顾问"这一头衔的原因吧，我经常被误解过着非常精细别致的生活。可能会让读者意外，我的口头禅竟是："麻烦啊！"

我的目标不是武装到每个角落里的完美收纳，而是在忙乱的日子中，以其适当的存在方式星移斗转……简约的收纳原则，可以是叠放收纳，也可以是不叠放收纳。"家里居住舒畅就可以"就是这样宽松的收纳原则。

我观念中的简约生活——"用最少的时间精力，让居家布置方便家人使用，快乐生活。"

具体地说，首先从改变家中已有物品的角度，尝试不同的使用方法着手。例如，觉得盥洗室的门开来关去很麻烦，就拆下原有的门，取出毛巾时可以一步到位；将现有的物品稍稍倾斜，换个角度去看它，少耗费劳力和工夫并且方便使用，多方位考虑是基本，终极目标是让家里人生活得更舒心。这就是我观念中的简约生活。

我一直参考公共空间的收纳。例如，学校和幼儿园。不同性格的人走进走出，整理方式恐怕也是百变多样，但总能收拾得整然有序。总结原因，第一，严格挑选常用物品——数量要少。第二，橱架、篮子的贴标签收纳。简明易懂，无论谁都容易利用，也容易放回。是不是很厉害？！

将上述的公共空间换成家的角度来考虑，虽说是一家人，也是不同性格的人共同生活的地方。学习公共场所的规则，首先，对经常使用的物品充分过滤，只选择必需品。第二，采用架子、篮子贴标签的分类收纳，方便家人使用，实现舒心、简约生活的愿望。

Concept 2

"OURHOME"营造自己的小窝

"户型不好""空间狭窄""地板颜色有问题"数着这样的借口，放弃打造更理想住处的想法，是很简单的。也许有各种各样的理由，无法达到想象中的样子。但如果浅尝辄止、偃旗息鼓，那么"OURHOME"——全家人宜居的"我们的家"就永远与我们遥不可及了。

不为放弃找理由，只为成功找方法。不断尝试就会越来越接近自己想要的家的样子。不是房间一下子脱胎换骨，而是自己和家人一起动手，给自己的家一点一点涂抹上属于家人的颜色。营造自己的小窝的过程，也是维系亲情、培养感情的重要修行。

我们在结婚后的五年间，一直生活在租赁的公寓中。因为是租赁房屋，合约到期时要恢复原状，以此为前提，给枯燥的玄关地面铺上了地板，给吧台的侧壁板DIY，创造了属于我们的生活空间。

后来，分期付款购买了一套二手公寓。不喜欢原来米色的墙壁及咖啡色的地板，入住后陆陆续续地涂色、铺地板，与老公两个人，偶尔两个孩子也动手，给自己的空间增添色彩。目前已经入住第三个年头，现在，越来越有"我们的家"的味道了。

　　"我真棒""太美好了"……充满憧憬的家人，洋溢着唯有家人才有的幸福和谐气氛的房间。不用摆放大牌家具，也不用放置名贵用品。把原有的物品巧妙地组合，装饰些有回忆的平常物件，放置的家具和物品一定应有某种涵义或理由，可以感觉到住户的家族历史及回忆。不属于高大上的"某某风"，却蕴涵着唯有住在那里的人才可以创造出的独特韵味，可以感召到那些人生活的魅力。家人一起营建的生活就是最美好的。亲爱的读者，来打造属于我们自己的家吧！

OURHOME PROFILE

老公、一对四岁双胞胎儿女和我

构成了我们的四口之家，80m² 的三居室。

大约两年半前，我们搬到了筑浅（日本地名）的二手公寓，

如果客厅与后面房间之间的推拉门始终开放，也可以作为两居室使用。

孩子尚小，这样的户型很适合我们。

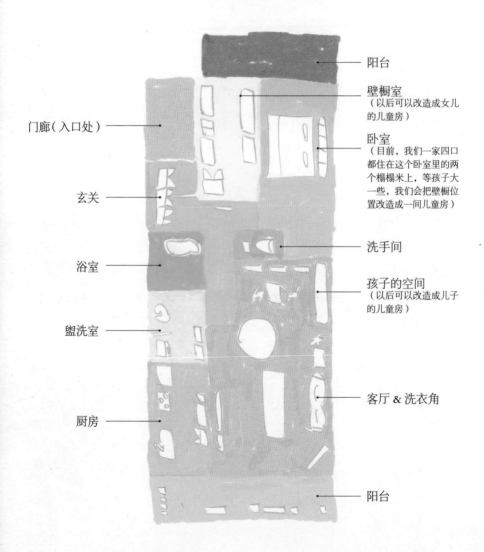

阳台

壁橱室
（以后可以改造成女儿
的儿童房）

卧室
（目前，我们一家四口
都住在这个卧室里的两
个榻榻米上，等孩子大
一些，我们会把壁橱位
置改造成一间儿童房）

门廊（入口处）

玄关

洗手间

浴室

孩子的空间
（以后可以改造成儿子
的儿童房）

盥洗室

厨房

客厅 & 洗衣角

阳台

让家人舒心地生活

起居室是家人经常活动驻足的地方，想把这空间打造得舒适些。为此，收纳、室内装饰不能独断专行，需要家人集思广益。老公自然是参与对象，两个孩子也不例外。孩子还小，不是很懂，不能下决定。但我会问他们："喜欢哪个颜色？""这里和那里，哪里比较易取出物品呢？"

也许有人会认为，对室内装饰和收纳不感兴趣的家人谈论这些或许有些困难……那时，可以给出几个选项，让他们来选择哦。例如"坐在地板上吃饭和坐在椅子上吃饭，哪种方式会放松些？"这样提问，家人回答起来也更轻松。不要自己决定一切，至少要听听家人的意见，群策群力，打造适合家里每个人的舒适空间。

不是"物品"，而是用"生活方式"的思维来考虑

我家没有餐桌，在哪里吃饭呢？沙发前放置的一个大茶几，宜用餐、宜书画、宜日常休闲。

一般的客厅、餐厅兼用的房间，应该有餐桌、椅子、沙发、茶几等，一般结婚组建家庭时，就会购置这些。但我认为要清空这样的观念，考虑"家人到底想过什么样的生活"，然后采取行动是最重要的。

想为孩子尽量多开发出一些自由玩耍的空间，让孩子们可以随意地跑来跑去。周末聚在一起的朋友们也可以轻松悠闲。考虑这些，选择了尺寸大些的茶几，效果非常棒。环视着客厅的物品，自问："对我家来说，真的那么必要吗？"创造舒适的生活才是我们永远的追求。

Living and Dining Room

办公桌

在二手店以 3800 日元超低价购买的办公桌，是我的工作场地。抽屉里有照相机、文具等。

营造家人轻松舒适的房间

舒适的空间是家人健康快乐生活的基础，家中的每个人都可以有好心情，都可以放松，以此作为优先考虑事项。同样，也想让来玩的朋友开心愉快。如此考虑，不断尝试。

小块地毯

方形地毯边角弯皱，就影响视觉印象，但圆形有弧度的地毯就不要紧，怎么看都是圆满可爱。"BELLE MAISON"的小块地毯（墨绿色）

观叶植物

如果放许多小东西，可能需要费很多心思来照顾。考虑到整体效果，在网上购入了大型的观叶植物。

百叶窗

选择百叶窗是因为它比窗帘看起来更简洁。"立川百叶窗"的"DUOREST"（欧来适）

IDÉE的照明

一直寻找百看不厌的、简约大气的吊灯款式，终于发现了这款。"IDÉE"的"KULU LAMP"

Other side

装饰架

饰品四处散放，会给人乱糟糟的印象。所以规定位置，统一收放在这个架子上。扫除也方便。这个架子是别人送的礼物。

遥控器及 DVD 的收纳

这个篮子是妈妈结婚时买的，传给我后一直使用着。收纳遥控器及文件袋中拷贝的 DVD。

沙发

"粗花呢"耐脏，沙发罩也可以拆洗，所以就锁定它。是"BELLE MAISON"的物品。(此规格已停产）

临时储物篮

用餐时，把餐桌上的物品临时收拾到这个储物篮里。在"THE BROWN STONE FIFTH"购买的。

1

共用物品，要商量后购买

我们家的购物习惯呢，即使很普通的日常用品，

购买前，我也会和老公交换意见：

是否有必要？是否适合我们家？哪个颜色更好些？等等，共同商量。

如果能用手机拍下照片共同分享，就更加省事。

用两个人的视点来客观评价，一般不会失手。

2

选择中性的物品

我家是两男两女的四口之家。并且，有很多男性、女性朋友。

所以男女都可以接纳的物品是最受欢迎的。

多选用木色、银色、黑色、白色、绿色等直线型的中性物品。

客厅保持整洁的秘诀

装饰及收放集中到一起

日常用品分散装饰，总觉得房间看起来乱糟糟的。收起的物品如果东放点，西放点，取放及收拾都很麻烦。如果都集中到一处，就容易保持整洁。

休闲空间和孩子的空间要分开

孩子的玩耍空间布置在大人视线范围内固然好，但大人的休闲空间若玩具无处不在，似乎身心也无法得到释放。这是很现实的问题。所以大人休闲空间要设在别处，要与孩子玩耍的空间明确划分，这样就避免了整体凌乱。

划定洗涤物的禁止线

洗了的衣服可以放在沙发上，也可以在室内晒干，但要有明确的区域界线，生活氛围才会浓郁清晰。我家的洗涤物不过客厅，充分考虑洗涤系统的布局。（参照 P58）

涂抹墙壁，给家上色

　　购入的公寓很干净，在搬入前未做很大的装修。感到米色的墙壁与生活气息有违和感，就涂成了白色。入住后的装修，不做整体大变革，而是逐个房间按顺序进行修饰。虽然是个小成就，却给我们带来了大感动。有亲手装饰自己的家这种成就感，也有特别的浓浓爱意。

涂在壁纸上的油漆
有害物质含量为零，也没有讨厌的气味。IMAGINE 壁漆。4L 罐 7,800 日元 / 壁纸屋本铺

涂色套装
涂色必要的物品汇总在一起，工作会更轻松！涂色套装 1,999 日元 / 壁纸屋本铺

充分思考，选择地毯砖

以前很喜欢地板，住了一年左右，渐渐感到并不实用。焦茶色氛围不明亮，有灰尘也特别显眼，躺下后太硬。鉴于以上问题，我们换上了地毯砖，可以自己裁剪，即使孩子们弄脏了，也可以只换脏污的部分，是不是魅力百分百呢？朋友来做客时，受到连连好评，脚下的防音效果也得到了充分的验证。感觉整个房间都明媚阳光起来了，为自己点个赞！

焦茶色地板有灰尘特别明显。

地毯砖

只要摆好就可以了。地毯砖
NT-336、基样 50×50cm
1,365 日元 / 块（施工费另
计）/ SANGETSU

还是喜欢接地气的生活

　　孩子三岁前，一直坐在椅子上用餐。孩子安安稳稳地坐下，大人安安心心地吃饭。但我还是偏爱接地气的生活。孩子一点点长大，生活方式也可以随之更新。"SQUARE"是一家经营家具及配件的商店，在那里定做了铁杆桌腿，加上桌板，就构成了大茶几。不用椅子更显开阔感。即使来很多朋友，也不用担心椅子的个数，招待客人反而更加个性灵活。

SQUARE：http://square-shop.ocnk.net/

Before 1

以前的用餐位置，原来是餐桌餐椅的用餐形式。

Before 2

用红酒箱子作为临时桌脚，尝试茶几的过渡生活后，决心做变更。

家人轻松 = 朋友也舒适

使用大茶几以后，受到来家里做客的朋友的大大称赞。围坐在椅子旁的氛围略显端庄严肃，坐在地板上似乎更加悠闲放松。意识到家人轻松的场所，朋友也可以很舒适。希望朋友们都能够无拘无束地聚在一起，这个大茶几给我们增添了许多趣味。不必在招待上过分花费心思，可以自带小菜，也可以叫点外卖，轻松的聚会、简单的如斯守候，承载着岁月中最美的约定。

Party Idea 1

轻松的自助餐形式。餐桌下面放置垃圾桶。

Party Idea 2

饭团子上的美纹胶带写着原料，选择也可以很享受。

用黑板传达心意

　　给晚归老公的留言，或者转达老公孩子们每日成长的信息，我喜欢使用黑板。有孩子却又分别拥有工作的夫妻双方，时间上也许会错位，有了它，就可以巧妙地转达自己的心意。因为黑板带着磁石，留有贴DM（商品广告）、费用单子的位置，也有特意为孩子们准备的，贴幼儿园带回的作品的位置，方便简洁。选择黑色是为了让室内布局更接近自然，随性的态度，认真的生活，又规避了办公室的氛围。

简洁的黑板

吸引空间的炫酷黑。木质黑板 TBB-811 黑色市价 / IPISOHYAMA

黑板挂钩

可以用针子固定在墙壁上，双针挂钩　银色 M-082
368 日元 /ORIGIN

阳台也是客厅的一部分

一进我家客厅，先入眼帘的是阳台。阳台是决定房间第一印象的地方，我把它当作客厅的延续部分，在架子上展示绿植、日常用品。为了防止孩子接触，在架子上加了玻璃。原有的灰色硬塑地面太暗，总想改变一下，于是设置了涂有亮油的木地板砖。与客厅相连一起，整体感觉很和谐，房间更加宽敞明媚了，赞！

Before

以前灰色地面太吸睛了，给人冰冷的感觉。

木地板砖

木质地板给阳台平添了几分温存。木地板砖 ZIP450　7,680日元~ / 波恩家具

分解信息中心！

用与客厅相连房间的整面墙收纳杂志、书籍、相册、工具等诸多物品，起个名字，叫它"信息中心"吧！

准备出空箱子，物品增加时，也可以从容对待。现在空着，安心等物品跳进来。

第1层

电线类

里面即使凌乱些也是OK的，收拾也简单。这样心情就会释然。只要放进去就可以。

红白喜事

把红白喜事及节日要用的物品全部归纳到这里，所以没准备的时候也特别放心。黑色围裙也放在这里。

空箱子

杂志按种类纵向收放在纸制文件夹中，可信手拈来，可轻轻归位。

第2层

贺年卡

为了和其他物品尺寸一致，选择了放明信片的A4文件袋来收纳贺年卡。

相册

家族相册只有经常翻看才能充分发挥其意义，将方便翻看欣赏的位置规定为收放位置。

杂志

一个业务的资料收放在一个文件盒中。只要打开这个文件盒，立即就可以启动工作模式了。

第3层

文具

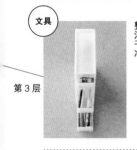

文具摆放在A4文件盒，旁边同样高的迷你抽屉中，整洁干净。

工作BOX

第4层

器具

只这一个箱子，就可以玩转DIY，将所有器具都归纳到箱子里，规划管理，也可随时带出。

缝纫工具

小型缝纫机一般都会收纳在专用的缝纫箱中，将缝纫工具也一起收纳管理，就是万全之策。

书籍的收纳

书籍的收纳架放在金属架右侧，从中学时代开始使用的书籍规规矩矩的收放在那里。总共三段叠放在一起，每段有五层抽屉。按段收纳费用单子、工资条等有必要保存的纸制品。

信息中心物品的选择规则

1

以"黑、白"为基调

信息中心收集着许多物品：

从杂志、书籍等纸制品到文具、器具、缝纫工具等工具类，

并且还有打印机、毛绒玩具等，各种形状、各种用途等形形色色的物品。

如果想整齐归放，统一到白色或黑色的箱子里是最好的。

说起理由，就是需要更换箱子时，黑白两色的箱子容易找到代替品。

2

用 A4 尺寸来规整

架子上摆放物品，规范高度是很重要的。

不仅是为了视觉的整齐，也为了空间的节约。

A4这种规格尺寸，市面上有很多。即使更换时，也可以容易找代替品。

不仅是收纳盒，其他卡盒、相册等也同样选用A4尺寸。

3

选择可以单独使用的收纳品

购物时，对于收纳盒、文件箱、树脂制的抽屉等，

一直选择可以分开单个儿使用的物品。

使用时，可以组合也可以单独利用。将来还可以使用在橱子等其他地方。

不要选择只能在一个地方使用的物品，要"深谋远虑"，从长计议。

纸制的文件 BOX

折叠方便，不使用时也易保管。可裁可剪，变更尺寸。FLYT/ 套（5 个一套） 199 日元 / 宜家·日本

带盖子的文件 BOX

这种文件 BOX 的魅力是价格便宜，并且可以将大量同类物品统一到一起。也可以使用在包裹邮寄，所以常备。A4 文件盒 W 105 日元 / Seria

简洁 BOX

可以收纳孩子的画（参照 P99）。收放有纪念意义的物品，所以选用正规盒子。鞋盒 白 男士用 1,155 日元 / D & DEPAARTMENT

可摞起组合使用的盒子

与固定抽屉相比，这种单层抽屉更有市场，以后也可以使用在其他地方，推荐！聚丙烯盒子·抽屉式·浅型 900 日元 / 无印良品

A4 透明文件袋

即使是一张单据，也会受到妥善的保管，放到 A4 的薄型透明文件袋中，容易管理。LILAT 透明文件袋 A45 个入 52 日元 / KILAT

A4 明信片袋

一页可装 4 张明信片，清晰易见。树脂相册·明信片夹 A4 尺寸·160 张用 315 日元 / 无印良品

相册

因为是 A4 尺寸，可以与其他文件 BOX 摆成一列。内敛黑简洁高雅，时尚魅力。相册黑 1,260 日元 / 中林

打印机

白加黑的直线形设计，一见钟情，欣然入手。放在架子中层，可以立即印刷。"佳能" PIXUS M G6230 售罄

5 层抽屉整理盒

抽屉放 A4 文件正正好好，很适用，也方便。从中学时候就开始一直使用。这种已停产。相似的整理盒使用在信息中心等。

不是大收纳，自己动手

　　我家客厅里建造时没有固定的收纳场所，收纳空间是自己一点点开发的。放置大型金属架，让整面墙成为收纳空间，然后按自己喜欢的样式在上面放上纸箱及文件盒。在架子前面穿上横杆，定做了尺寸合适的窗帘，代替橱门遮挡视线。这样自行利用的空间比原带的收纳场所更加适合自己的生活，也方便使用。即使是租赁房屋也可以自由使用。

利用搬家前使用的厨房金属架

条纹布帘

SOFIA 布料、宽幅条纹、蓝 / 白色 899 日元 / m / 宜家·日本

※ 海军蓝 / 白现在无货。蓝 / 白、黑 / 白现货

魔法分类盒

开放式橱架收纳力强，但不适合物品直接放置。我不会将物品直接放在橱子上，一定先放到盒子中，然后摆放到橱架上，易取易放。一定要一个种类一个盒子，分门别类的收纳。例如，即使盒子里物品很少，空荡荡的，也要遵守规则。不同类物品不会鱼龙混杂，必要物品集中收放，只取出相应盒子，就可以立即工作，高效节时。

另外，如果加个标签，就会更加一目了然，明确具体位置。即使其他人，也容易找到物品，方便整理。如果盒子满了，就要检查一下物品数量，防止过量拥有。

面膜　　　　　　　　　蛍光ペン

修正テープ　　　　　　色えんぴつ
テープ

ホッチキス

标签让今后的你更轻松

　　按物品种类分别放在盒子或抽屉中，这种收纳方式还算不上方便使用。一定要使用标签，粗略一看就可以了如指掌。再也听不到家人"这个在哪儿？那个在哪儿？"的追问了，回放场所也不用思考。贴标签虽有些麻烦，但却一劳永逸，今后的生活会更加轻松惬意。因此，为了"明天"的自己，今天快动手吧！

爱用的"打码机"

我原来使用的已经停产了，这个是现货。打码机 PROSR150
7,875 日元 / KING JIM

透明胶带

不过分依赖标签，也常使用透明胶带。透明胶带 ST18K
1,470 日元 / KING JIM

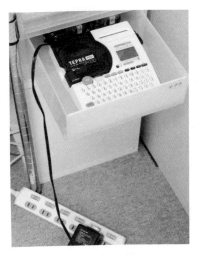

必要时立即可用

制作标签的工作有点小麻烦，就容易退缩懒散，产生"以后再做吧"的想法。于是，在插座附近准备了专用抽屉，放进打码机，可以立即制作标签，时刻准备待用。

取下方便

也许以后带标签的箱子会收纳其他物品，所以标签制作时要考虑方便撕下。将标签贴在美纹胶带上面就易剥取，十分便利。

玩具箱上的图片标签

孩子还未识字，为了将玩具的收放地点告诉他们，将玩具拍照打印，放到箱子的透明袋中，以后照片更换时也很方便。

望图解意的图标标签

为了让孩子也能想象出里面物品的样子，制作了图标标签。很复杂的样式可能勉为其难，一般的利用 EXCEL 软件中的基本图形拼凑就可以。

与老公信息共享

　　不到二十岁与老公开始爱情长跑，关于孩子的照顾、将来的事情，甚至客厅放置的日常用品等，都一一商定，平时小事也不忘相互沟通，共同决定。但我们拥有各自的工作，繁忙时，沟通也会不顺畅。于是将相互在意的事情，用智能手机拍下，利用 iphone 的 "photo story" 功能相互分享。最近爱上这种方式，当跃跃欲试购物时，让对方也眼观为快。发张照片，比 "大概就是这样的感觉" 的语言倾诉更丰满具体，物品的整体感觉也可以一线传达。

　　不仅是自己的意见，也参考对方的可取意见，"夫妻" 的感觉也是在这样小事中不知不觉地加深。

基本家务，无压力搞定

双胞胎孩子一岁半大小，我回到了工作岗位。繁忙中只能降低家务基准，只追求"健康、清洁的生活"。

每天要用吸尘器，所以放在餐桌下面；洗好的衣物不叠起，只是收放起来；使用的餐具也不东挑西选的精雕细琢，每天尽量用相同的餐具。另一方面，并不是我一个人负责家务，要创造方便大家的收纳系统。这样一来最基本的家务，就可以无压力搞定了。

晚餐要丰富，衣物每天熨烫笔挺，偶尔的库存大整理等等……这些都要等孩子稍稍大一些，时间宽裕些时再做。不追求完美，偷懒也不用自责。这样才不会苦于家务压力，家人都感到满满的幸福。

先动手？还是后操劳？

购物归来后，将孩子们每天要喝的乳酸菌饮料，撕去十个一包的包装，散放到托盘中；送货上门的物品，立即拆开，将垃圾丢在玄关，只把物品留在家里。看到这里，是不是觉得我是个干净麻利的主妇？但坦白地讲，██████████的家务真是"麻██████

酸菌饮料的塑料外皮不撕掉，直接放入冰箱，████████████拆开放入玄关，每次映入眼帘时，一定会听到有"必须得拆开……"这样的声音悄然响起，心情也会沉重。先动手时最初费事一次，但过后会很省事，也会有好心情。"先下手搞定了，太好了"，每个这样愉悦的瞬间，使下次动手时又会干劲儿满满了。

因为先做了，过后的时间就会多一份余裕，心情也从容起来。虽然有些麻烦，但生活却多出了一份安适恬淡的时光。想不如做！

kitchen

打造家人、朋友都能使用的厨房

厨房的收纳不仅仅是为方便自己，也为一直默默支持我们的父母、为周末做客的朋友们、当然还有老公，所有人都可以一目了然，简单便捷。

水槽上（左）

不用打开所有门就可以找到所需物品，喝茶喝酒时，用具也全部收纳在此。下面是杯子，上面是茶壶、茶碗。

水槽上（中）

手易到达的最下层放着经常使用的餐具。上层放着带把手的容器，可收可放，汤碗和饭盒也收纳在此。

水槽上（右）

洗碗机上的吊橱，盘子纵向收纳。因为不用摆放，一个动作就可以拿出来，超方便。

横杆上挂 S 形挂钩

水槽上面，镶嵌照明的地方设置横杆。将容易带湿气的用具挂在中间。

大人用餐具

抽屉最上层是无印良品的餐具，收纳在 PP 整理盒中。

孩子用餐具

为了孩子们可以自由取放，孩子用的餐具放在他们可以接触到的位置。

扫除物品

最下层放着扫除用品及清洁剂等。因为足够深，所以能充分收纳。

水槽下面的抽屉

水槽下面抽屉里收纳碗、搅拌器、菜刀等工具，还有生垃圾用的报纸、装食物的纸袋等。

炒锅、平底锅

炒锅、平底锅等是火炉经常使用的物品，所以火炉下面是它们理所当然的安身之处。这类物品不多准备，拥有能收纳的量即好。

分解厨房！

....

橱子一侧

挂钩收纳

在金属架上追加专用挂钩，挂上锅垫、红酒启瓶器。立足可取，方便！

调味架

盐、砂糖、粉末状调料不放在水槽上面，而将此作为规定位置。洗碗机用的清洁剂备在箱、或小袋中，可以立即拿出使用。

树脂抽屉

开放橱架的左侧边放置了8层树脂抽屉。从上到下放着围裙、纸制餐具类、零食、购物袋、茶、保鲜膜类、厨房用纸、旧布。厨房也是一个种类一个抽屉。

面包

将面包放在低处，孩子可以自由拿出，也算是协助做家务。相同的白色盒子一并排开，是不是很整齐？

食品架

这个食品架是建筑自带的，大约齐人腰左右。里面有荞麦面条、罐头、咖啡、调味料等食品，用牛皮纸箱分类收纳。

垃圾桶放在阳台

垃圾桶不放在厨房，放在阳台接近厨房的□□□□□□□□归整到这里的垃圾桶。

大篮筐

最下层放一个带脚轮的大篮筐，收纳换气□的□□□□□□因为是四方形篮子，□费空间。

根状蔬菜

如土豆、洋葱等没必要放入冰箱里的青菜放在这□□□□因为是四方形篮子，□费空间。

抹布

抹布纵向收放，可以一步取出。中间隔些缝隙，一个种类一个盒子。

厨房物品的选择规则

1

以白、银、木色为基调

白色给人清洁感，即使非同一系列的物品，也可以飙升统一感。

特别是白色餐具，西餐相适，和食物亦相宜，是超棒的选择。

厨房工具及橱架统一使用银色，专业的美感更显端庄大气。

少量的碗、筷子、托盘等是木质品。

选择无压抑感的温和色彩，契合厨房的整洁，效果超好。

2

一举多得的物品

我选择物品的原则：不选择用途单一的物品，

通过斟酌考量期待能开发出其他用途。不仅限于厨房物品，其他地方的物品也一样。

对于狭窄的厨房来说，这是行之有效的方法。

例如：保存容器也可作为餐具，也可以作为烘烤器皿，开party时，还可携着美食一起出席。

众多优点，集于一身，果断入手。

3

可以叠放的物品

取下锅的把手，将保存容器拿下盖子，可以放在一起。

选择这样可以叠放的物品，节省空间，没有浪费。

杯子、托盘不用说自然可以叠放，

还有一些薄巧、纵深可盛放的物品，这样小巧整体性好的物品特别节省空间。

轻巧细薄的白色盘子

这个白色盘子不仅轻巧细薄，独具魅力之处是不易产生裂纹。CORELLE Winter frost white 中号 CP-8909 / 世界厨房

分餐盘

可以将主食及菜品分开，更适合儿童使用，很方便。CORELLE Winter frost white 餐盘（小号）CP-8909 / 世界厨房

树脂杯

树脂制杯子与其他带颜色杯子不同，里面剩余多少饮品，可以一览无余，给孩子用是再好不过了。MS 杯子 105 日元 / 中谷化学产业

曲线杯子

杯子的口部是强化玻璃，不易破损。软饮料大玻璃杯 220（商品号码：B-08124HS）367 日元 / 东洋佐佐木玻璃

大人筷子

和老公的筷子长度一致，解决了拿餐具时比长短的苦恼了。香木筷子 香枫木 长 23.5cm 1,260 日元 / 薗部产业

基本餐具

基本餐具也是一点点增加。Kay Bojesen 金奖 西餐刀具 各 1,365 日元 / 大泉物产

大托盘

因为并不是天天过盂兰盆节（日本的重要节日，相当于中国的清明节），所以模仿西餐厅，用这个大托盘代替午餐盘使用。木制托盘 999 日元 / Nitori

Atta 材料的物品

不用清洗，掸一掸或者晒一晒，立即就 OK 了，很方便。这个型号已经停产，但在网上可以买到类似产品。

省空间锅具

特福的省空间锅具，不用时将把手取下来，就可以摞起来放置。颜色深的物品即使略有脏污，也不是特别显眼。/ 特福
※ 同色物品已停产。可购买新系列产品。

玻璃保存容器

玻璃容器，内装物品一目了然，可以摆放且耐热。包装 & 微波系统（IWAKI）7 件套 3,490 日元 / BELLE MAISON

无印良品的 PP 盒

这种 PP 盒可以收放长短不一的餐具，彰显魅力。PP 整理盒 2 大约尺寸 宽 8.5 × 内幅 25.5 × 高 5cm 160cm / 无印良品

白篮筐

因为轻巧，孩子也可以使用。可以水洗更加清洁。四角构造，无空间浪费。"BELLE MAISON" 产品（此规格已停产）

巧用金属架

选择将来可使用，不受使用场所、用途限制的家居用品，是我选择物品的原则之一。金属架就是代表性物品之一。可以按照收纳物品，调节架板位置，自由个性，使用方法灵活多变。现在放置在厨房，兼做微波炉及电饭锅架台的收纳架。参照橱台，放在 85cm 高度的位置，操作性好。也可以承载家电等较重的物品，用途广泛。

Before

以前的住处，金属架使用在盥洗室。根据架子的使用场所，用途也可以自由发挥。

有挂钩更方便
金属架挂钩　单一式 MR–12F
市价 / IPIS OHYAMA

厨房也是一个种类一个箱子

厨房里的抽屉、篮子都可以当做箱子来考虑，和保存文件一样（参照P31），一个种类一个箱子来收纳。例如：茶品、塑料购物袋、点心、旧布这样的物品，种类划分不是很严格，自成一家。贴上标签，不会因分不清而丢失，也会更加容易取出。让所有人一目了然，"哎，那个在哪里？"这样的提问也自然渐渐消失了。

非常大的抽屉也可以收纳多种类的物品，但中间需要放置一个隔断。一个种类一个盒子，即既不用压叠，也不用规范摆放。"自由收纳"就OK了。

这种收纳方法无需刻意，自然随意易持续，延续简单从容，享受安适舒心的日子。

厨房工具各一个

刚生下双胞胎宝贝儿时，经常拜托双方父母来帮忙。从那时开始，规划合理，使用方便的厨房就是众望所归。纵向收纳物品可以一目了然。平时，厨房工具纵向收放在水槽下面的抽屉里，拉开抽屉，一览无余，收放都很方便。

在厨房里，我比较注意的是相同用途的工具只限定一个，做菜用的筷子也只一组。准备多了，做饭时会接二连三地换着使用，也增加清洗量。与其相比，不如用过立即就洗，只用一双。另外，限定数量也可以节省空间，让厨房更加整洁。

"应该有的物品" 也可以没有

我家每天都要煎煮很多麦茶，最初使用茶壶，后来因为在意壶锈，就改用锅，于是找出了使用频率低的不锈钢的单把锅，作为煮麦茶的专用工具。原来一直以为麦茶只有用壶才能煮开，使用锅后才知道，原来锅比壶更易沸腾，洗茶时也更简单。使用换气扇，火炉上的水气可以很好地排放。好处多多！

另外，也不放置餐具架，用水槽上的吊橱收纳餐具；不用成套餐桌，使用大茶几。即使是公认"应该有的物品"，也要站在自己的角度，好好审视自己的生活是否必要。如果觉得也可以没有，那么就精简物品，简约生活。

减少做饭环节，缩短时间

结束一天的工作，去幼儿园接孩子，到家后做饭。做饭大约需要 20 分钟左右，为了不让饿得咕咕叫的孩子过于等待，我一直在想减少做饭环节，缩短时间。

不用菜刀和砧板，青菜使用削丝器直接放到酱汤中。油炸食品预先调味时，不用碗，直接使用树脂袋。饺子抽时间多做些冷冻起来，吃时只是向汤里一放就可以了。有肉、有菜、有饺子的日子轻松又美妙。

油炸食品预先调味时，直接使用树脂袋，减少洗碗环节。

饺子一次做 100 个，最近经常和孩子们一起体验做饺子。

创造孩子可以独立整理的系统

即使炎炎夏日，孩子们也会每天常喊"喝茶……"所以我经常考虑"孩子喝茶 DIY"模式。在厨房和客厅中间放置一个凳桌，上面摆放冰镇的大麦茶壶和配套的不易摔坏的杯子，孩子就可以放心地自己喝茶。不仅轻松了妈妈，还让孩子感到了"自己动手，丰衣足食"的小成就。此外，在我家的收纳系统，孩子可以自己收拾餐具，准备早餐面包等。

在孩子伸手可触及的地方，放置孩子用的餐具。

早餐的面包也准备在孩子可自己取出的篮子里。

Wash room

盥洗室系统是轻松家务的决定项！

每天都有许多要洗的衣物，同时，每天也有好多洗好的物品需要归置，并且，盥洗室里有许多琐碎的物品。为了让家务更轻松，打造优质的盥洗系统很重要。细心的斟酌考量，轻松舒适的生活也会自然而来！

老公的位置

左面的梳妆台是老公的使用地。不用打开其他门，就可以使用。物品也是专属的，按人收纳很方便。

我的位置

中间门里是我的领地。收纳美容用品、隐形眼镜等。早晨化妆时，不用打开很多柜子，就可以一站式搞定。

公共位置

梳妆台共有三个架子，右侧架子是公共位置，收纳着洗发用品及牙刷等备用物品。

电器产品

这里收纳电吹风及吸尘器的充电器。将吸尘器放置在洗衣机与橱子之间，不用移动就可以充电。

发饰等

抽屉里放着各种发饰，一个种类一个盒子。这里是我和女儿的小天地。

药、卫生用品

放在水源附近，使用方便。这里又可以确保低温。用文件夹区分放置，显而易见。

垃圾桶

盥洗室必需的垃圾桶放在橱子内。避免了行走障碍，使用吸尘器时也可以横行无阻。

日常用品

只挑选牙刷、护手霜等频繁使用的物品摆放在洗漱台上。收纳在洗手间里很舒心。

牙刷

总感觉牙刷带有湿气，所以放在橱门外面。在橱门下面的空余位置用吸盘收放四把牙刷。

分解盥洗室！

壁橱一侧

面巾

没有准备浴巾，共准备了十块面巾。用它来擦身体、头发、脸。清洗也易干，方便。

手巾

手巾是在盥洗室及洗手间用的毛巾。客人也会使用，所以选择质感好的物品。我家选用的是"MARKS & WEB"品牌。

10 个分门别类的抽屉

洗衣袋、袜子、睡衣、床单等不能混放，分别准备在各自的盒子里。我和老公的内衣也是每人一个单独的盒子。不用叠，只是放里就好，采用"自由收纳"，整理变得简单起来。

老公的睡衣

尿布

与整理篮筐相比，用抽屉收纳尿布更趋于模块化整理，取放也更方便。

我的睡衣

我和老公的日常睡衣收纳在这里，这里也是不叠起收纳，换下后可以直接放入，所以并不麻烦。

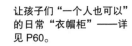

让孩子们"一个人也可以"的日常"衣帽柜"——详见 P60。

洗涤袋

洗涤袋共8个，不用叠，直接散放在抽屉中。每次有要洗衣服时，将衣物放在洗涤袋里，再投入到洗涤篮中即可。

小毛巾

用餐时擦手、擦嘴用的小毛巾收纳在这里，吃饭时每人一块，放在孩子自己可以拿取的位置。

洗涤篮

架子上摆放着洗涤用的篮筐，可以盛放很多衣物。这个位置也考虑到了孩子们，可以自己放入衣物。

拆下收纳的门，方便使用

洗衣机对面一侧的收纳柜原本有8扇门，为了能够不开门关门，一个动作取放物品，在入住时，就拆去了橱门。开放橱架的收纳可以清清楚楚，也方便孩子们使用。后来又购买了无印良品的抽屉，用来做模块管理，秩序井然。更让我欣慰的是，这样的抽屉太适合不用叠放的"自由收纳"了。

Before 1

原本带有8扇门，虽然犹豫了好一阵子，但还是下决心拆下处理了。

Before 2

孩子们小的时候，在上面撑起横杆，挂起收纳。

化妆用品收纳在休闲包中

　　每天早晨起床化妆是必修功课，化妆是睡眠和工作的心情交接点，也可以保证外出时不用小慌乱。

　　我的全部化妆用品都在这里，只是最基础的用品。盛放的包包有提手带子，收纳在盥洗室的橱子里。化妆笔类的物品放在纸杯中，脏污了可以更换。偶尔也在客厅化妆，顺利提拿任我行。

Before 1

以前这个休闲包里盛放着棉棒、婴儿油等宝宝用的护理品。

方便携带的收纳包

帆布长方形包 2,310 日元，
帆布小包各 1,050 日元 /
MARKS & WEB
※ 茶褐色售罄

方便整理，家务轻松！我家的洗涤系统

因为有小孩子，所以洗涤是每天的功课。为了能稍微轻松一些，我选用了带烘干功能的滚筒式洗衣机，创造了"洗涤→烘干→收放"一站式搞定的洗涤系统。

weekday
"日常洗涤"

日常洗涤物不在外面晒干，使用烘干机。"洗涤→烘干→收放"都在盟洗室中搞定！

1 将洗涤物分别放到洗衣机中

毛巾、日常服装及幼儿园服装等，晚上将一天要清洗的衣服放到洗衣机中。因为使用烘干功能，衣服会缩水，所以孩子的衣服尽量选择大一号的。

4 回放到收纳场所

从洗衣机里拿出，叠起毛巾，放到对面的橱架上。大人的内衣，拿出直接放到抽屉中。因为无需叠放，即省时又轻松！

2 按下预约按钮就休息

从清洗到烘干不间歇。晚上休息前预约，设定好早上6点完成。
※ 不要忘了考虑楼下邻居，使用隔音垫。

5 孩子的衣服放到各自的篮子里

将儿子和女儿的衣服取出，分开盛放在绿色及粉色的篮子里。也是为了孩子能自我管理做准备。

3 早上6：00完成

早晨起床后，已经是烘干状态了。购买日常服装时，选择可以放在烘干机里的衣服，就能实现这种简易模式了。

6 孩子自己叠衣服

算是给我们夫妇帮忙吧，要求孩子们要自己叠衣服。用烘干机节约的时间来开展小小的"家务培训课"。

holiday

"休息日的洗涤"

无法使用烘干机的衣物，还有从幼儿园带回来的床单等需要在外面晒干的衣物，
基本上都是周末处理。明智分工后，洗涤也轻松起来。

1 放到洗衣袋，投到篮子中

易起皱的衣物、漂亮的外套、还
有不能使用烘干机的衣服，换下
时就直接放到洗衣袋，投到洗涤
篮中。先耕耘，后轻松。

▼

2 汇总到休息日洗涤

可以烘干的衣服平时就清洗了，
休息日只洗涤需要在外面晒干的
衣物。夏天平时每周也清洗一到
两次外面晒干衣物。

▼

3 洗涤后立即挂在衣架上

在洗衣机上面摆放衣架，洗涤完
成后，当场就挂到衣架上。挂好
平整后顺畅地移到室外。

4 外面晒干

从盥洗室到晒衣服的外面阳台是
直线形，不用通过客厅，直接就
可以到阳台，也不用晒在客厅内。

▼

5 晒干直接移到壁橱

挂在衣架上的衣物晒干之后，连
同衣架直接移到衣橱里。晒衣服
的衣架和收纳用的衣架是通用
的，只是移动一下就可以。

▼

6 在盥洗台上熨烫衣服

需要熨烫的衣服，在穿着之前，
放到洗脸盆上面，打开熨衣板熨
烫。也不通过客厅。

让孩子们『一个人也可以』的日常『衣帽柜』

在我家，孩子们的日常服装在盥洗室里作管理。以幼儿园的衣帽柜为样本，左面是儿子的，右面是女儿的，左右对称。这里只放了孩子们可以自己管理的量，在收纳上下了功夫。

次日带到幼儿园的物品

我将洗好的杯子放在这里，孩子出门时，自己将自己的杯子放到背包。

上幼儿园的背包

晚饭后，拿出背包中的杯子及要洗的衣物。背包直接放在这里。比打开橱门收纳相比，这样直接收放式的橱架收纳更容易整理。

上幼儿园穿的衣服

从孩子不到三岁时开始，平日穿着的衣服让孩子自己选择。早晨从这个篮子选择衣服，自己"更衣"。

内衣及鞋子

儿子和女儿的内衣分开收放，每人一个抽屉。抽屉前面放着带着内衣图标的卡片，简单明了。

换下的睡衣

暂不用洗的睡衣放在这里。这里去除了抽屉，只简单投放进去就可以，孩子自己就可以搞定。

『自己的事情自己做』每天

回家后的日程表

也许有些家务，我一个人大包大揽会又快又省事，但还是想培养孩子"自己的事情自己做"的习惯。从孩子三岁开始，就创造方便孩子们自己整理的居家布置。现在孩子们自己整理已成习惯。

"孩子们的行动"	时间	"我的行动"
幼儿园放学归来 将外出服及帽子放到玄关的篮子里	18:00	接孩子回家
	18:05	与孩子们一起入浴

"孩子们的行动"	时间	"我的行动"
立即入浴 衣服自己放到洗衣机中	18:30	晚饭准备

晚饭准备
・帮忙配菜
・擦桌子

	19:00	晚饭

晚饭

晚饭后
拿出各自背包里的物品
→将洗涤物放到洗衣机中
→杯子、筷子自己放到水槽中

	19:30	清洗
	19:35	
	19:40	

明天的准备
从橱架上拿下新杯子、筷子等放到背包里

	20:00	和孩子一起玩 不是一边做家务一边陪孩子玩，而是专心陪孩子玩要30分钟。

在"加油站"中贴"小粘贴"（P101）

[图片：孩子在墙上贴粘贴]

	20:30	就寝准备

自由玩耍

	21:00	读画册、就寝 做完家务，将洗衣机预约。然后我也可以安心睡去了。

就寝准备

就寝

Toilet

分解洗手间！

卫生纸

洗手间上面架子上有一个"东洋容器"的彩盒。里面刚刚好放入12卷卫生纸以备用。

扫除用具等

使用文件夹收纳洗手间的必要物品。从左面到右分别是扫除用的抹布、洗手间备用刷子、清洁用品。

湿巾纸

孩子们用的湿巾纸放在陶瓷容器中，上面盖上木制盖子。湿巾盒 L 2,625 / ideaco

毛巾架

墙壁上的毛巾架是在"宜家"购买的，（现已停产）旁边柠檬酸溶液的容器是"无印良品"的物品。

孩子们量身改造的脚凳

洗手间使用的脚凳，是在家居中心购买的，老公和儿子一起刷油涂漆，儿子也很满意。自己动手的喜悦浮现于眼角眉梢。

不铺洗手间地毯

以前，因为喜欢暖洋洋的氛围，便在洗手间入门处铺了地毯。后来，孩子们如厕训练时借机取替了。因为洗手间地毯需要经常清洗，并且还无法同其他洗涤物一起清洗，每次清洗都很辛苦。与其放一小块脏兮兮的地毯在那里，不如发现地面脏了，立即擦拭。拖鞋也选择了皮革的，因为擦拭比清洗更容易。地面也是木质风格的软地板，扫除很方便。

木质风格的地板
住宅用的地板壁板 HM-4022
2,887 / m² (施工费另计) /
山月（SANGETSU）

抗菌拖鞋
用水擦拭就 OK，清洁方便。
"kaunet" 抗菌皮革式拖鞋
552/kaunet

可以"随时"扫除的结构

有小朋友的家庭，洗手间难免会脏得快。立即清洁是基本。所以考虑结构布置时，以发现脏污立即扫除为原则。放置抹巾和洗涤剂的架子比较高，不方便取用，所以基本上使用卫生纸和柠檬酸水。柠檬酸水挂在毛巾架上以备用，可以随手拿取，很便捷。洗手间的刷子稍有脏污就会很在意，所以用可更换刷头的类型。

一次性厕所刷子

清洁泡沫封闭可冲下厕所，刷子本体 730 日元刷头（12 个）365 日元（编辑部调研）/Johnson

一次性的刷头可以事先掰开，放在纸盒里。

closet room

分解衣橱！

孩子的空间

储藏室最里面的金属架和右侧树脂收纳盒是孩子们休息日服装的收纳地。今后，打算降低横杆的高度，让孩子们自己选择衣物。

我的空间

眼前的这个金属衣架和左侧的树脂收纳盒是我的专用空间。外穿衣物挂着收纳比较方便，所以尽量挂在衣架上。对面的衣架是老公专用空间，互不相拢，其乐融融。

换下服装也指定位置

穿过的服装回挂到衣架上，心里总有几分不情愿。衣架上有附属挂钩，回到家时，可将衣服暂时先挂起来，也可将包或披肩挂在这里。

卷状物品放到抽屉

披肩、围巾等可以卷起的物品，按夏季、冬季分类，放到抽屉中。无需固定收纳形式，"自由收纳"就好。非应季物品收纳在高处，视季节更换抽屉，将应季物品放在下面抽屉中。

衣橱放在离玄关最近

　　如果外出穿的外套等放在卧室衣橱里，那么晚归的老公回到家时，一定会在黑暗中小心翼翼、蹑手蹑脚。于是，将离玄关最近的房间做了衣橱。在这里，即使夜色阑珊，也可以挑起华灯，不用担心惊扰熟睡中的孩子。

　　回到家中，直接进入离玄关最近的房间，换下外套，然后直奔浴室——这样的行动路线，不用再担心随手将外套挂在客厅的椅子上；进门取下手表及包一并放在这里，随意而又方便；早晨出门时，不用再绕着房间找东找西；我的衣服、孩子周末穿的服装、洗涤好的物品也都放在这里。用整个房间来做收纳绝对是明智！

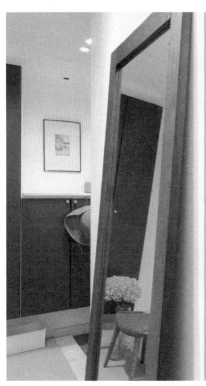

衣橱风格灵活可变

　　将整个房间作为衣橱之际，我并没有改造设施，也没有购入新物品，只使用了租房时期使用的金属架和树脂箱。金属架上的架板及横杆位置可以变更，视野清晰，具有一览无余的魅力，哪里放置什么物品一目了然。因为没有门，取放自如。另外，树脂盒是我的收纳基本，一个种类放在一个盒子里，可以上下交换，衣物更换时就简单了，值得推荐。

　　这个房间打算孩子大些后作为他们的卧室，所以屋内使用可移动的家具。使用灵活摆放的物品，能够根据孩子们的成长改变布局，从而使每个成长阶段都有适宜又可爱的收纳方式。

尽量不叠起收纳

　　从烘干机里取出内衣，可以不用叠，直接放进抽屉。但若是衬衫这类衣物就有些勉为其难了，为尽量避免不擅长的"叠起收纳"，基本上都用衣架收纳。洗涤用、衣橱用的衣架当然兼用，晒干衣物时，连衣服带衣架直接移动到衣橱中就可以完成。考虑衣架挂起的衣物数量，购买衣服时就会谨慎理智。选用同款衣架，视觉印象更加清晰舒畅。

大人用衣架

衣架厚度适中，取回很方便。铝制洗涤用衣架·3根/组（宽约33cm）300日元/无印良品

孩子用衣架

孩子用衣架是干洗店里送给我的，这样的T恤架挂孩子的外套恰到好处。

临时存放处的强大威力!

　　将某些物品放入纸袋，然后丢在客厅角落。生活中有没有遭此冷遇的物品?例如借来的物品、孩子已不穿打算送人的衣服等，因为不长期存放，一般不会为其准备一个专用场所，久而久之就随意乱放，使房间凌乱。

　　我在橱子里放置了各种各样的专用箱，分享美味菜肴的容器、盛放回赠物品的箱子、穿小的但可以改用或送给朋友的孩子衣服专用箱，不仅防止了冷落物品，出门前，对这里多看一眼，就不会忘记归还物品，也不会忘记赠送。这种临时存放地的威力绝对是你意料之外的强大。

Bedroom

四口之家的卧室。

用卷席和棕垫做成矮床，

孩子即使掉下床，也没有危险。

卷席矮床的做法

1

上面的5个红酒箱正面向前摆放。

2

地板上铺上可卷成筒状的卷席。（同样物品已停产）

3

铺上"magniflex"的棕垫，一个单人的，一个双人的，大功告成！

装饰架

排列红酒箱子作床头的装饰架，使矮床看起来不那么乱糟糟。将来可能会有其他使用方法。

分解衣橱！

················
卧室

卧室里的橱子代替了储藏室。
这里主要以非季节家用电器、旧相册、圣诞树等使用频度低的物品为中心。

客人用的被褥

家里人平时不使用，所以放到这里。放到有把手的袋子里，取下时提把手就可以，超方便。

女儿节偶人和兜鍪

原来用三个盒子盛放，体积大占地方，从盒子里拿出物品放到袋子中，尽量紧凑整合收纳。

季节家用电器等

这里摆放着加湿器、小缝纫机、家庭影院、热水袋等季节性电器及偶尔使用的物品。

非季节床上用品

夏冬时要更换床上用品，过季的就收放在这里。这里就是夏季盛放冬季被褥的空余位置。

旅行用品

每次旅行时，四处寻找必要物品太周折了。变压器、晒衣架等旅行必备品都放在这里。

圣诞树

相当占地方的圣诞树放到原来盛放的盒子里，感到意想不到地轻松。盒子放到电风扇的后面。

门内侧贴上便签

收放什么物品不容易记清，门内侧贴上便签，可以缩短找寻物品的时间。

Entrance

分解玄关!

1

2

3

地面地板——DIY

不喜欢大理石冰冷冷的感觉，决定DIY。在9cm宽的板子上涂上亮漆，铺整在水泥地面上。

左侧·中间的架子

右侧的架子

我的位置

减少劳作，简约生活，所以不为提高收纳力而使用更多用品。减少鞋的数量，这样拿取都容易。

孩子的位置

为了让孩子们自己也可以取出放回，把孩子们平时穿的鞋放在下面。下面摆放客人用的拖鞋及鞋的保养用品。

老公的位置

打开一扇门，就可以把拥有的鞋子尽收眼底，再理想不过了。为了不用开关N个门，将老公的鞋收纳在相同橱子里。

收据袋

网购配送来的物品，在玄关处拆开，橱门的后面用双面胶贴上文件袋，网购的收据凭证直接放进去。

按人收纳，使用方便

工作、家务、照顾孩子，忙碌的我再没有精力对家里所有物品一一管理。除了老公主动分担外，也想让孩子们能够管理好自己的物品。

所以首当其冲要创造最省事的收纳系统，用最少的时间找到必要物品。打开 N 个门才能拿出鞋子是不是太麻烦？打开一扇门，就阅览全部鞋子才是霸气的理想收纳，所以采用按人收纳，将各自的鞋归集到一处。

玄关的收纳处很宽敞，分为三块，老公使用右边，我使用左边；孩子们的鞋放在中间，中间位置不高不矮，孩子们自己取放刚刚好。

玄关放什么更方便？

玄关应该放什么呢？一般来说会是鞋和伞，此外是不是还应有一些物品呢？例如：我家放着纸巾、发绳、剪子、印章、购物袋等。双胞胎宝贝儿终于大功告成似的穿上鞋，我也准备结束，打算"OK，出发！"之际，"妈妈，我流鼻水了""头发还没有梳好呢！"，经常会听到孩子们这样的声音，再返回到房间……于是，就在玄关处放置了这些物品。印章收取快递时使用，剪刀打开包裹时，购物袋是整装待发出门时使用的。

不同的家庭，玄关放置物品也许不一样。但什么物品会更方便呢？以此为出发点来斟酌考量，就会从生活中的小繁琐解放出来。

玄关处有面大镜子心情舒畅

　　壁橱里放不下镜子，以此为理由，堂而皇之地在玄关入室的位置，放置了一面大大的镜子，可以映照出整体身姿。选择这里，也是考虑到许多优点，例如去玄关、卧室、洗手间时，一日多次经过这面大镜子，每次通过时，都可以看到自己的整个身姿。可以客观地评价自己的衣装、容颜。在通过频繁的地方放置镜子，是对居家人士的推荐。

穿衣镜

木制镜框雅致古朴，感觉好极了！
emo.Mirror EMM-2181BR 19,800
日元 / 销售地 koti（市场）

凳子

这个凳子是在家具直销店购买的，可以坐下休息，也可以放置一些轻巧物品，利用性高。

玄关是拦截物品的关口

无用物品决不从玄关流向室内，决定之后，我在鞋箱内放置了垃圾桶。邮局寄来的包裹都在这里打开，只取出必要的物品，其他像外包装等无用物品全都在玄关处扔到垃圾桶。这已经成为我回家后的一个习惯，临时将邮寄物或宣传单页等放在餐桌上，也无可厚非。来的快递也一样，收到后立即开封，无用的物品抛弃。外包装纸叠起来放到镜子后面。这一连串的动作如果都在玄关进行，也可以防止包装纸散扔在客厅里。

另外，孩子回家后在玄关处要自我检查，口袋中擦鼻子的手帕纸、随鞋子带入的沙粒……这样的物品都在玄关处一一处理，立即扔到垃圾桶中，不带入客厅。

防止无用物品入侵客厅的玄关系统

玄关是拦截无用物品的关口。在这里把物品做处理就不会散乱在客厅里，保持客厅的整洁。

"只将必需品带到室内"这种意识很重要！

"邮件到达时"

为了防止邮件堆积这一问题，改善玄关系统是最重要的。

1 邮件到达时

从公寓的邮筒拿出邮寄物品。拿出入手之际，就要判断是否需要。进家门时就轻松处置了。

▼

2 当场分类

进入玄关后，区分出完全不要的物品。邮筒里的邮件也全在这里开封，取出和费用单子一起的商业广告等。

3 无用物品放到垃圾桶中

被迫投到邮筒的宣传单不用说了，一起寄来的无用的信封、捆绑寄来的无用商品广告等也都在玄关，立抛垃圾桶。

▼

4 只将必要物品带进室内

真正必需品极少，只将极少的必要物品带入室内，或收放在信息中心的规定位置，或贴在黑板上。

鞋中的沙子

口袋内的杂物

这样的东东要投入垃圾桶

带入鞋中的沙子、孩子们口袋中的垃圾都要投入垃圾桶。玄关有个垃圾桶，方便无极限。

"快递到达时"

近年来，快递包裹有越来越多的趋势，

制定了在玄关处理的规则，就不会将无用物品带到客厅。

1 快递包裹到时，盖章签收

在玄关处准备印章，包裹到达时，盖章就顺畅多了。玄关低些的架子上放置一个小篮子，那里是印章的规定位置。

2 当场立即拆封

我家的规则是不将包裹带入客厅，而在玄关拆开。于是，在放印章的篮子里放了必要的剪子、小刀。

3 无用的物品放入垃圾桶

离品包装箱、捆绑材料及箱内填充物，没用的可不少，这些也在玄关直接投入垃圾桶，只取出商品即可。

4 单据收到文件袋中

一起邮寄来的单据应该妥善归放，所以放到贴在门内侧的 A4 纸大文件袋中，整理汇总后处理。

5 纸箱放到镜子后面

体积大的纸箱也在此整理流程中，折叠收放在玄关旁的大镜子后面。如果这里放不进去了，就将所有纸箱归整到一起，移到阳台上。

6 只将商品本身放到房间中

将商品收到它应放置的"规定位置"。从收到包裹时按流程一鼓作气，直接到位，就不会将物品、包裹弄得到处零乱。

偷懒也不觉惭愧

轻松家务妙招大揭秘！

为了做家务的每一天能够轻松愉悦，
我推荐能偷懒的轻松家务方式！

购买食物前，给冰箱拍照

日复一日的忙乱之中，很难对冰箱的剩余食品明察秋毫，用便签一一记下也觉得麻烦。所以我出门购物之前，习惯拿出手机，打开冰箱门"咔擦"一声解决心结！这样就可以参照照片大采购，不用担心厚此薄彼了。

偶尔用洗碗机清洗火撑子

煤气灶上的火撑子，有脏污，就会牢牢粘住，清理起来也特别劳心费神。对待这一难题，我喜欢先发制胜，在油污粘牢前，用洗碗机清洗火撑子，每7～10天清洗一次，就可以保证清洁了！

毛巾纵向叠放

毛巾是竖着挂在衣架上，所以收纳时也是纵向叠起，折成4折（参照P37）考虑使用时的便利是我轻松家务的原则。

冰箱上贴薄膜

冰箱上的污迹是否让您瞠目结舌过？其实冰箱的清理很棘手，我将整个冰箱都贴上薄膜来防御。一年更换一次，就会保持清洁。

入浴中的浴缸清洁

无需精打细算腾出打点浴缸的时间，自己入浴时顺手清洁浴缸更加果断英明！周末孩子们要泡浴缸，我一个人洗澡时作为主要清洁时间。

不准备更换用的床上用品

床单等床上用品如果准备换洗用品，在收纳库中要占据很大的空间。于是夏季和冬季各只准备了一套，没有预留更换的用品。因为有烘干机，洗后立即可用，没有烦恼。

用刮板来清洁镜子和窗户

曾经为搞不定镜子和窗户的清洁而苦恼过，后来使用专用工具刮板来清理，总算解决了难题。喷些水，立即用刮板擦拭表面即可，不需要洗涤剂、抹巾、报纸等。洁净程度会给你满满的惊喜，再不用担心。

不准备浴巾

浴巾体积大，并且不易干，所以我家不使用浴巾。用擦脸毛巾大小的手巾来代替。孩子们用正正好好，成人用两块也够了。统一尺寸，管理也轻松。

洗好衣物立即叠好

从阳台收取洗好的衣物，如果拿到客厅，往往会随手扔到沙发上等，置之不理。我是习惯站在阳台上，将洗好的衣服就地叠好。

在浴室里不放椅子

我家的两个宝贝儿经常一起入浴，想让浴室尽量宽敞一些，所以将浴室的椅子清了出去，竟然没感觉不方便，于是决定今后也不用了。

取下排水口的盖子

厨房和浴室的排水口的盖子是取下来的。因为看得见，所以可以更仔细地扫除，不会积攒黏糊糊的污迹。盖子也不用洗，简直就是一举两得！赞！

房间走动不空手

在去另一个房间时，习惯性环视周围，看看有没有要带到另一个房间的东东。这样一来，点滴的微整理，房间会有大整齐。

活用篮子

去超市时提着自己的篮子，在收款台收银员会将购买的商品放到篮子里，（并且在篮子上贴好购物小票）。不用再放到购物袋中，真的很方便。从付款后的手忙脚乱中解放出来了。

选择轴心的记事本

2004 年就职以来，一直有类似"妙招贴"的记事本。到 2013 年 10 月已经有 43 本！可以留下些许自己关注的事情；可以剪下自己想拥有的物品、或中意情调的室内装饰照片贴在这里；然后汇总当时的感想及引发感想的缘由，考虑怎样应用到生活中。点点滴滴，细细写入。

重点是不按类区分，姑且以时间为系列。这样一册一册容易继续，也容易回顾。带着读杂志的心情，即兴回顾，客观地审度自己，了解自己，发现"自己的轴心"，选择物品自然毋庸置疑，生活方式、教育孩子、工作的方向性等，在各种各样的选择面前，不会不知所措。

启动"整理教育"

从孩子出生到三岁大时，作为妈妈的我，整理收纳系统以轻松简单为主。孩子三岁后，优先考虑孩子们力所能及的事情自己做，将周围的一切切换到了孩子的视线之内。我认为与学好语文、数学等课程相比，还是学会"自己能做的事情自己做"更加重要。自古以来，就有"饮食教育"这一说法，即从孩子很小时，培养孩子与饮食相关的丰富经验。我认为与此同时，也要培养孩子们的整理意识，于是我开始了"整理教育"。

最初从简单小事开始，让孩子们自己从背包中拿出幼儿园带回的洗涤物品，慢慢增加孩子们力所能及的其他事情。现在，孩子不仅可以独立做第二天上学的准备了，也会自己叠衣服。看着孩子一点点成长，不要认为"孩子太小，做不到"，也不要认为"大人自己做更省事"，而是要考虑让孩子自己做的意义，放手让孩子自己做。

当我家的玩具增多，盈箱溢箧时，我会和孩子一起整理，将箱子里的物品一起全部倒出，只将今后还想使用的物品放回箱子。三岁以后，可以自己来了。"是不是为时过早呢？"虽然也这样顾虑过，但还是及早地开始行动了。区分今后还想使用的物品及需要处理的物品，对三岁的孩子们来说，可能会是个难题，但孩子们总会给我们惊喜，意外地有模有样地区分，需要处理的物品似乎也有正当理由：因为损坏了，或是因为已有了类似物品等。孩子们自己似乎也制定了某些规则。

人生又何尝不是如此？在苦闷时，将自己放空，考虑哪些是必要的，哪些是不必要的，然后按顺序来一一解决。这个过程与整理收纳是完全一致的。孩子的"整理教育"开始之际，通过"整理教育"潜移默化到人生思考之中。

给孩子"独立空间"的教育意识

也许是像我这样大爱整理收纳的妈妈的通病吧，凡事总是先行一步，提前预测孩子们可能会有的困难，考虑收纳系统，或提前做好准备。孩子过了三岁，我不再周到细致，尝试放开孩子幼稚的小手，让孩子自己来做，偶尔让孩子为难一下，不是也恰到好处吗？例如，让孩子们自己做幼儿园的准备工作。即使发现孩子忘带毛巾，也沉默不语，静等孩子自己发现。偶尔孩子未能发现就直接去幼儿园。有过一次这样的教训，让孩子意识到："今后不能再忘记！"

按自己的意志——"要这样做！""这样努力试试！"然后付诸行动，培养孩子这样的意识，我认为孩子自我思考的"独立空间"是很重要的，有空白的环境，放手的爱，你给了没有？

做自己喜欢的事，言传身教

经常听大家说："有了孩子，没了自我，没了自己的兴趣和时间。"我和老公的最爱是周末和朋友聚会"快乐用餐"。孩子出生后，只是将聚餐时间由晚上改到了白天，还像原来一样经常聚会。喜欢读的书，喜欢听的音乐，孩子没睡时，与孩子一起看、一起听。当然，与孩子一起游戏的时间也很重要。回想自己小时候，觉得喜欢钓鱼的爸爸好帅气，擅长缝纫的妈妈好自信，专注于自己喜欢的事的大人好伟大。所以我们也不用放弃自己的爱好，和孩子一起享受生活，做自己喜欢的事情。不知从何时开始，孩子们一到周末，就会问："今天和谁一起聚会呢？"似乎也分享到了与人进餐的快乐，保持着快乐心情！

SHIPS

Kids' space

快乐玩耍、方便整理的空间

客厅的这一角是孩子们的专场。玩具可以直入眼帘，孩子们可以自己布置，自己玩耍，收拾也不那么费事。这样的儿童天地是不是很理想呢。同时，这里也是妈妈经常驻足的地方，大人也可以怡然自得。

饰品架
孩子们的家具略低，所以用墙壁彰显主题。我选用了"无印良品"的"墙壁用家具"系列用品。

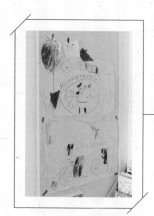

得意作品装饰墙壁
孩子们的画不贴在客厅，而是选择了这一壁角。粘贴上孩子喜欢的得意作品，其实只要展示在这里，对孩子来说，就是小小的鼓励、大大的满足。

加油站
详细见
→ P101

绘本架
上面的绘本架是参照下面家具的尺寸来定做的。客厅的小桌子也是相同尺寸，打算孩子稍大后，移到客厅使用。

多用箱
这种箱子可以两个摆放在架子上，也可以放在茶几上，使用性广。现在里面盛放画册和玩具，作为收纳箱使用。

**亲手制作"过家家"
用品及厨房**
这里是我们两个人的奇思妙想，是老公的DIY，老公中学时代的镜子、冰箱中的托盘儿、还有零星的现有物品等，经老公的统筹利用组成了一个不折不扣的"过家家"的好地方。

手工装饰

数字清晰的钟表

这个钟表，孩子们也可以读出时间，简单明快的款式让我当机立断，入手为快。
Campagne 自然风 10,500 日元 / 利姆诺斯

折叠桌椅

大约十年前购入的"无印良品"的松木炕桌，配上"KATOJI"的迷你椅子，是不是很搭呢？

孩子房间的照明

孩子房间选用荧光灯，清楚分辨出颜色。树脂荧光灯系列　带移动遥控
8,900 日元 / 无印良品
※ 我家的荧光灯已经停产，这是现有款式。

结合成长，选择可再利用的家具

　　"过家家"场地的厨房基台，从我们开始家庭生活后就一直使用，既可以两个摆放作为架子，也可以作为茶几使用。这里使用两个，一个作为支撑的基台，一个用于放置绘本画册。剩下的两个与树脂收纳箱搭配起来，是货真价实的玩具架吧！随着生活经验的增长，家具的使用方式也可以不拘一格。这款家具大合我选择物品的标准。遗憾的是已经停产，希望成为您选择家具时的一个参考。

使用中的家具箱尺寸：宽90cm、深35cm、高35cm

孩子 1 岁之前

孩子 1 岁之前，将这个家具两个平行排列，双层摆放，收纳物品及婴儿服。

▼

孩子 1 ~ 2 岁时

一个用来收纳画册，另外三个摆放成三层，提高收纳力。

方便玩耍 & 易整理的模式

　　方便玩耍又易整理，获得这样两全齐美的收纳可不容易。将玩具从原来的收纳盒中全部取出，一个个的放在 seria（百元店名字）105 日元购买的相同树脂盒中。盒子前面贴着卡片袋，将照片放到袋中，里面物品一目了然。可能用一整箱玩具，也可以选择不同箱的玩具组合在一起玩耍，游戏方式也得到开发，灵活多样。收拾时只放回即可，轻松便利！

原来的两个收纳盒。盒子形状、颜色不统一，收纳不易规范。

▼

放入相同的盒子，外观整洁，改良视感。

长期使用的绘本架

　　这是孩子一岁时，我给孩子挑选的生日礼物。如果画册纵向排放在一起，孩子们很难自己挑选翻看，按原位置放回似乎也不方便。总想寻找这样的绘本架：摆放时可看到封面，又可以轻松放回，一直没能遇见合适尺寸的，于是将正在销售的规格绘本架，变更尺寸，定做了一个。

　　可以收纳孩子们的画册，也可以收纳手绘物品。孩子稍大，可以收纳两个孩子的学习用品；孩子走入社会后，还可以作为杂志架来使用。将拥有的框式家具和桌子为基础，决定这个画册架的尺寸，以后可以长时间使用。作为孩子一岁时的纪念，这次购物特别满意。

定做地：木工馆 http://www.kinonukumorikan.com/

选择一生使用的生日礼物

关于孩子的生日礼物，经过我和老公的商量决定：不买只用一时的玩具，而要选择长时间使用的物品。今后无意中看到时，家里人也会兴致勃勃地谈起"这是几岁几岁时的礼物"，温暖记忆，共量日月长！这样的物品是不是更有纪念意义？

一岁的生日礼物是第 96 页的绘本架；两岁的生日礼物是时钟和移动壁画。也许每个孩子对数字的兴趣都是从认识时钟开始的，于是我们选择了数字简单清晰，符合孩子房间氛围的柔和款式。移动壁画是请插图画家野田真纪子画的，野田真纪子最初是老公的朋友，后来是我们的。看到这个壁画，"孩子两岁的时候……"温馨的话题总让人回味悠长。

孩子们各自的色彩

　　玩具是两个孩子的公用财产，共同使用。孩子一点点长大，剪刀、彩笔等物品就要分开，于是他们的物品用颜色来区分。儿子用蓝色系列，女儿用粉红系列。例如彩笔等无法用颜色区分的物品，就贴上标签或胶带。原来相同瓶子的药物，为了不让两个孩子弄混，我大伤脑筋。后来尝试用颜色区分，孩子们一看即懂，方便得没法说。

　　再也不用担心孩子因物品混淆而争吵，还可以培养孩子自己的物品自己管理，期待从这样的小事让孩子迈出自立的第一步。用颜色区分物品，不仅适用于双胞胎孩子，也可应用在兄弟姐妹间。

用手绘箱保存孩子作品

孩子们的画儿、作品等越来越多。原来打算拍下照片保存就可以了。当我看到祖母为我保存下来的小时候涂鸦般的画儿时，想法完全颠覆了。留存实物，才能切身感受到那个时代的韵味。于是，我就制作了两个手绘箱，让孩子自己保存自己的作品。满一年，就转移到 A3 大小的文件袋中保存。

有些画儿比较大，所以要保存到 A3 的文件袋中。

这是祖母为我保存的画儿。使用宣传单的背面画的，让我感受到了童年的时代气息。

每晚睡前整理

晚上 8 : 00 ~ 8 : 30，是我陪孩子的时间，不是一边家务一边陪伴，而是全身心的投入，与孩子尽情玩耍。孩子和我心满意足后才开始整理。将七零八落的玩具收集到一起，孩子们再将所有玩具各就各位。

想给疲惫一天的老公一个好心情、一个放松的环境。经常对孩子们说："爸爸回来时，要整理干净哟！"孩子们总是非懂似懂地支持我，睡前把房间打理干净。

用购物篮收集玩具。

▼

把篮筐里的玩具逐一放到架子中，边区分，边回放到原地。

孩子们的不满是机会！

"讨厌，不喜欢……"当孩子如此抱怨时，也许我们会劈头盖脸地把孩子训斥一番，或是感觉没教育好孩子而自怨自艾。每当那时，我们应考虑"是不是整理系统方面有错误呢？"再想想"是不是现在的收纳不好理解，不容易收拾？"还是"不适合孩子的年龄？"其实，孩子的不满，正是我们再确认收纳方法的机会。

现在，孩子们自己可以做去幼儿园的准备，我准备出日历纸取名"加油站"，在上面贴表扬小粘贴，来鼓励孩子。对孩子们来说，自己整理是不大喜欢的事情，而贴粘贴则是大爱的事情，将这两种事情组合起来，调动孩子们的积极性，让孩子们一起努力。这张"加油站"至今仍然对孩子有效。随着孩子的成长，收纳系统可能会发生改变，将来孩子们自发的主观独立才是我们的目标。

与孩子们一起!

　　孩子三岁前,我奔波于育儿、家务、工作三线之间。家务先入为主的观念是"怎样才可以轻松些?"在孩子三岁左右,我意识到有些家务是可以偷懒的,有些家务是要转达给孩子的。然后我不再一味依赖网上购物,而是带着孩子一起出行;不再依赖洗碗机,而是和孩子一起动手洗碗;不仅玩的时候和孩子一起分享,家务也和孩子一起体会。

　　我也重视自己的爱好,兴趣时间也要与孩子"一起"。例如,孩子折纸时,我做杂志剪裁,偶尔也会做个面部护理,与孩子一起动、动、动! 孩子们可以增加好奇心,我也可以放松心情,双赢活动!

育儿难题，不过于依赖网络

初为人母，大概都为育儿而苦恼过吧！最初我经常上网查找，但网上的消极信息居多，有时也容易被左右。于是我决定"没有明确回答的事情，就不再过多上网查找"，试着请教育儿经验丰富的朋友或长辈，效果良好！

对于日常小病，我多参考一本辞典，辞典里照片多，简明地介绍疾病症状。在孩子一岁前，还有一本育儿日记，贴近生活，自然而然的亲民指导。

育儿没有绝对的正确答案。仔细观察孩子，不被外界信息所左右，相信自己，用妈妈的感觉来判断。这是我最深的体会。

带上孩子去旅行！

孩子们 11 个月大的时候，开始了第一次亲子旅行。自此以后，大概每三四个月出去一次。偶尔也坐飞机远行，但还是多去近处的山村小屋，几个家庭一起户外烧烤。山村露营不用担心孩子们的吵闹，可以尽情游玩，也可以让孩子感受到"郊外用餐的快乐和美味"；父母利用周围仅有物品周旋，让大家衣食有所依，这份心思他们能否会感受到呢？家里的玩具不能带出来，让孩子"利用现有物品游戏"。

宿营的工具类都是租来的，做饭的材料也是从当地买。不勉强自己，才是下次亲子行的动力哟！

洗衣袋为盛物袋

带外衣、内衣旅行时，分别装在洗衣袋中。回到家中，将洗衣网和袋中需要洗涤的衣物直接扔进洗衣机。多日小住时，选择有洗衣机的住户。携带洗衣袋，旅行洗涤时就有用武之地。

不带睡衣出游

带两个小孩子出游，一定尽量减少所带衣物。不带睡衣，用第二天要穿的宽松衣服代替就可以。稍有偷懒之嫌，但化繁为简，合理实用。

旅行时携带宝宝椅

孩子小时，即使是旅行，也会携带家中的宝宝椅，有了宝宝椅，可以和大人一起坐在桌子旁，轻松舒适无极限。即轻巧又耐压、支脚架还可以拆卸。大赞！IKEA（宜家）的宝宝椅！

旅行时使用篮筐

这个篮筐平时多用在归纳玩具或超市购物。脏了可以立即擦拭，所以外出使用特方便，把篮子倒过来，还可以充当桌子使用。外出旅行时，是您百分百的贴心助手。

双子育儿生活之爱用物品

双胞胎孩子的日常物品都要双份儿，需要更多的money，所以尽量寻找物美价廉的物品。
下面介绍笔者的喜爱物品。

"育儿物品"

围嘴

"BABYBJÖRN"围嘴是用柔软的树脂制成的，系在宝宝身体上，将宝宝进食时掉下的食物稳稳的接住。清洗也简单。

帽子和袜子

选择简洁的物品，成本低。"marimekko"的小件物品漂亮时尚。小件物品价格不贵，也可以买到名牌。

彩色篮子

孩子小时，总想让他们欣赏些色彩明快的物品，彩色篮子是在 seriamqc 购买的。孩子小时，用来装围嘴和小手巾之类的物品。

餐厅用椅子

这款宝宝椅在 IKEA 购买的，轻巧可移动，地板脏时，扫除也方便。还可以摆放。特别适用双胞胎家庭。

迷你椅子

这款迷你椅子是 KATOJI 的产品，可以与茶几搭配使用，可以使用在用餐时，也可以使用在画画时。孩子如今已经四岁，仍然不离不弃。

手推车

这款手推车款式新颖，即使放在外面，也很可爱，堪称装饰，毫不犹豫地选择了BRIO 的手推车。

妈妈包

这个"Marimekko"的包包是我的日常伙伴。可以盛放许多物品，最棒的是可以折叠放在上班的手提包中。

小物收纳包

在 P57 页介绍的 MARKS & WEB 的包包。是生宝宝时收到的礼品，当时用来收纳宝宝用的护理品。

单肩包

斜挎的单肩包将双手解放出来，对于照顾孩子的我来说是首选物品。是去年秋天上架的正版商品。

"幼儿园用品"

名字印章

去幼儿园每天要带 20 片左右尿布，这些物品都要印上名字，所以在 name ~♪ 购买了印章。

带绳毛巾

应幼儿园的要求选择了带绳毛巾。这款毛巾是在西松屋购买的，因为颜色和花色各不相同，自己的物品可以一下子识别。

可洗涤被子

这个被子是在 HashkuDe 购买的，因为在幼儿园使用，比较容易脏。所以选择了这款可以在家洗涤的被子。

字母 T 恤

这个 T 恤是孩子幼儿园的服装，不属于引人注目鹤立鸡群的款式。在 OURHOME 网购的。

睡衣

睡衣是孩子们每天都要带到幼儿园的物品，在 BELLE MAISON 挑选了颇有创意的。

可洗涤的羽绒睡袋

冬季喜欢给孩子使用棉背心一样的羽绒睡袋。这样就不容易感冒了。在 HashkuDe 购买。

背包

这两个"哥伦比亚"背包是孩子两岁生日时的爷爷奶奶的生日礼物。孩子们每天用它装着自己的物品去幼儿园。

粘贴带鞋子

儿子蓝色、女儿是米色加红色的鞋子，系带鞋子总让小孩子手忙脚乱，所以选择了这款 NEW balance 的鞋子，只要粘贴就可以牢牢系紧。

H&M 泳衣

因为是双胞胎，育儿开销是普遍家庭的 2 倍，H&M 泳衣款式及价格都很"可爱"，超赞！

雨披

不用系扣子，只要套上就好。脱掉时也比较方便，用一只手就可以搞定，真轻松。别忘了是 Those days 的物品。

带窗的伞

雨伞是 RAGMART 的，粉红系是女儿的，绿色系是儿子的，这样用颜色区分开。打开时，有透明的窗户，所以很放心。

被罩

这款被罩是在婴幼儿用品专卖 HashkuDe 购买的，质地结实、横向拉链。

重视孩子的"喜欢"

　　孩子三岁以前，孩子一切物品都是我和老公来选择。但我并不想将父母的喜好、理由强加给孩子，一直注重孩子的"喜欢"，培养孩子的审美观点。

　　但是，如果任何事情，优先考虑孩子的心情，那么在充满个性物品空间，或时尚新潮之中，未免有失稳重大气。于是定下了"只内衣及袜子可以自己选择"的规则。告诉孩子"可以自选"时，孩子们立即就开始选择自己喜欢的个性物品。作为妈妈的我，总是认为即使在这个年纪，能有自己喜欢的物品也是件了不起的事情！所以我希望能够从点点滴滴开始，培养孩子的审美趣味，用自己的眼睛发现世间的美。

孩子的照片整理是育儿工作的重点之一

2010 年整理到博客的文章之一就是"孩子照片的整理方法"。此文章引起了很大的反响，从 2012 年开始自由职业生涯以来，不定期召开"孩子照片整理收纳术讲座"，至今已经召开 26 次。

对家里人来说，孩子的照片很重要。照片记录了孩子们的旧日时光，对于现在的我们，是无上珍宝。我们也一直极力捕捉孩子们成长的每个瞬间，留下纪念。但是，那些光阴，那些岁月，我们只是极力捕捉、挽留了，终究是无法留住过隙白驹，日夜更迭。

最重要的不是奢望用照片"挽留"住什么，喜欢的是边看照片，边与"家人聊天"的温情时光。孩子从小时候开始，就喜欢看相册，用小小的手儿自己把照片——翻看，"那天，大家一起去烧烤了啊！这是某某某……"，本来应该淡忘的过往又一次记起，与我兴致勃勃的天真软语。

孩子稚气可爱的样子，照片里荼蘼般的斑驳旧时光，记忆又在层叠展现，于是旧照片成了我们交流的又一种方式。满满的愉快记忆是孩子成长中不可或缺的一部分。看着因为想起"曾有过那样好玩的事情"，不由得喜笑颜开的两个孩子，那般天真的童颜，更增添了我继续整理相册的动力。

　　在"照片整理是育儿工作的重点之一"的讲座上也说过：房间整理也许拜托给任何人，都会整理得有模有样。只有孩子的照片整理，是妈妈当仁不让的特权，其他人也许认为"这样的模样才可爱"，但对妈妈来说，有些怪诞的模样、奇怪的表情也是三岁左右孩子给予我们的别样回忆。判断基准只有妈妈才知道。"只有妈妈才能做出最好的选择！"说到这里，是不是有立即为孩子整理照片的冲动？

每年做两本相册

"你家相册是哪种风格呢？"当双胞胎宝贝儿出生时，请教过其他妈妈，"只第一年做了相册，然后就……""老二出生后，就没有时间顾及了……"经常听到这样的回答。我自己也曾经认为：作为在职母亲，照顾两个孩子，应该没有整理照片的时间，也不会有与孩子一起翻看旧照片的闲暇。是不是忙碌就无法继续呢？"制作简约的相册！"，有了这个想法之后，我家每年都要制作两本相册。

并不是孩子们每人一本，而是全家人共两本。一本是"珍藏本"，经过千挑万选的照片，另一本是"粗犷本"，一些举棋不定的照片也都收放在这里。

从下页开始，详细介绍笔者一直持续整理，充满自信的"细腻悠长、饱含深情"的相册。

披沙剖璞 "珍藏本"

作为宝贝儿的珍藏照片，想用规范尺寸印刷并留存下来。收集此类照片的相册，我叫它"珍藏本"，一年要制作一本。做些小粘贴装饰，或是给每张照片写下地批注，是不错的想法。但我没有一直坚持的自信，所以买了带塑料袋的相册，只将照片插放进去就可以。

首先决定每月增加一合页照片。翻开相册，挑选当月的11张最完美抢拍，不逐张照片写下感想，而是在照片大小的卡片下写下当月的育儿日记，连同照片正正好好12张，插进相册。满满的温情记忆，远远超过了整理的小辛劳。对我来说，是恰到好处的平衡，是稳稳的幸福。

"珍藏本 8 规则"

视若珍宝、永远留存的照片。

简单的方法，加上一点点小窍门，考虑长期持续性。

1 一个月一合页

翻看方便，整理也省事，所以我决定一个月增加一合页照片。一合页有十二个备用袋，所以每个月挑选 11 张拍得最棒的照片。正因为有了数量制约，所以不会觉得这个也不行，那个也不好，挑选反而容易起来。选择是几分苦恼，几分喜悦的工作。

2 选择易整理的相册

摆放到架子上的其他物品几乎都是 A4 大小，所以也选择了 A4 规格的相册。孩子们一起翻看时也轻巧方便。即使动作稍有小粗暴，照片也不会掉落出来。这样的相册是不是独具魅力。20 单页（19 合页）。相册黑 1,260 日元 / 中林

3 活动时，增加页数

外出旅行，或是有活动月份的照片也会多起来，那时或者使用两合页，或者增加一页。过于被规则所束缚，会不愿继续的，所以要结合情况随遇而安，无需期待完美。

4 朋友们送的照片摆放在相册后面

偶尔也有些与朋友的合照、或从朋友那里得到的照片，这类照片也有明确位置。我选择的相册一个月一合页，后面还会有些剩余页数，按照入手顺序从后向前摆放。

5 大照片和光盘（CD-R）收放在迷你相册中

集体照等大照片不用普通相册保存，还有一些打印出来的照片，为了以后再加洗，我保存在光盘中。为了收纳大照片和光盘，购买了迷你相册，将光盘放在后页中，不大不小，刚刚好。"王牌"功能型迷你相册。

6 超声波底片也放在相册中

超声波底片一直夹在母子手册中，实在有冷落之嫌，于是也放入了相册，放在O岁照片一栏。底片直接放入会老化，所以将超声波照片打印出来保存。随意翻起照片时也是我向孩子表达那时心情的良好时机。

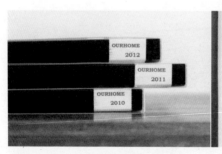

7 自己做封底

喜欢这样简约大气的款式，所以选择了这种风格的相册。长期使用，还需自己稍加规范。将封底薄签部分剪掉，用双面胶粘上写有"OURHOME"和年份的纸片。不仅清晰明了，是不是也提升爱心指数呢？

8 收纳在方便取出的位置

经常有人因相册过于珍贵而放入壁橱。而我认为相册的价值在于，一家人可以围在一起，笑着翻起，说说过去。我家相册收放在客厅附近的信息架上，可以随时取出。

"珍藏本中育儿日记 4 规则"

珍藏本相册也可看做育儿日记。

每月写一张卡片或数条就 OK，简约风格可持续。

1 合页左上角放入育儿日记

合页中满满 12 张中选用其中一张来放育儿日记。在照片下面逐一写入心得有些繁琐，如果每月只写一张，就容易多了，相册和育儿日记分开，翻看照片的同时，又可以回忆孩子的成长过程，是不是一箭双雕的好办法呢？

2 育儿日记卡片的制造方法

育儿日记卡也是自己 DIY 哟，在电脑的 Excel 软件中，做简单的格式，输入日期，并且写入年龄，不满一年的月份也写进去。打印出 L 规格照片大小的卡片。精确到月份，可以更好的记录孩子的成长，大推荐！

3 育儿日记卡放在日常视线内

为了稍有时间就能写下几笔，经常将育儿日记卡夹在记事本中携带。贴在每天能够看得见的冰箱上也是不错的方法。不为育儿日记抽用专用时间，而是为了能持续下去，降低对时间的要求标准，抽空去做。

4 育儿日记可长可短

过于追求完美，有可能无法坚持下去，所以可以寥寥数行，也可以留白。将积累好久的心情——梳理规范写入，这样的方法固然好，但持续下去有难度。所以采取宽松的人性化原则，这才是持之以恒的真理。

包揽万千"粗犷本"

为了珍藏本，特别用心地挑选了照片，此外也有很多日后想翻看的照片。如果只保留电子数据，再看时有些不方便，同时也感到浪费。于是我又制作了一本"粗犷本"的相册。

粗犷本相册的照片稍小些，A4 纸上摆放 42 张来印刷，与相册制作一起委托给照相馆。大量照片可以一起印刷出来，经济实惠。并且也省去了将照片逐一插入相册的时间。是不是独具魅力呢？照片不大，型随机能，不用太多的精力，不用太多的心思，简单也可以很浪漫。

"珍藏本""粗犷本"双线并行，简约方便可持续，满心欢喜的相册终于脱颖而出。

"粗犷本 4 规则"

就如名字所说"粗犷本",不用耗用太多的时间制作而成。

将一年中平淡如水却美好生动的日子都展现给我们,感谢、感动!

1 年末整理制作

粗犷本相册在每年年末汇总制作,不提前定下数量,从电子版中逐一挑选出精华。按摄影顺序来委托印刷,无需编辑,也没有制作负担。我家每年大约 600 张左右照片,A4 纸约 15 张。

2 扉页是每年的贺年片

每年的贺年片也是冲印制作,在孩子们出生之前,我就养成了这样的习惯。为了制作这本粗犷本相册,把贺年片的尺寸也扩大为 A4 来印刷。这页也是拿到摄影店,作为相册封皮,与其他照片一起制作。

3 也有其他人的照片

粗犷本相册是按摄影顺序来印制,记载一年的岁月流经,以此为轴线来回顾过去的旧时光。不拘泥于家里人的照片,朋友的照片、旅途的风景、日常的感悟等也有意识一并列入,正是这些陪伴着孩子们懵懂的成长,微薄的进步。

4 交流手段

不夸张、不笨重,粗犷本不粗糙,可以放在包包中随身携带。与朋友聚会时可以随性带去,一起欣赏,是另一种交流方式。因为里面也有朋友及朋友孩子的照片,绝对是大家永远的"热"话题。

"印刷不拘一格"

考虑到长期坚持，尽量避免了印刷的各种麻烦。

一般利用网店或其他方便的形式。

普通尺寸照片的印刷—网店

珍藏本相册的普通尺寸照片一年大约有 130 张以上。决不能小看印刷费用。所以我一直使用"乐天写真馆"，价位低，质量也不错。将照片通过网络传过去即可，不用去实体店。

照片要印刷 3 份

在我家照片要印刷 3 份，婆家、娘家和自己的家。实际上双方父母家放着相同的相册，所以只要把照片寄过去，三家的相册几乎是一样的。一是双方父母很高兴，二是如果我家相册有什么不测，也可以放心。

不用每月都印刷

每月 11 张照片，要月月印刷吗？是不是想问这样的问题？其实不用给生活加以太多的规则。我一般都是在照了很多照片之后，例如：生日会、圣诞节等之后才印刷。大体上每 3 ~ 4 个月印刷一次。这样不用太辛苦，不知不觉，乐此不疲。

数据无线传输到电脑

觉得将照片传到电脑里太麻烦，发现了便利的 SD 卡——"Eye-FiSD 卡"。里面有无线 LAN（WiFi），所以在自己家中的无线环境中，不用使用数据线，照片数据可以自动传输到电脑或智能手机中。

"摄影丰富多彩"　　我们不是专业摄影师，技术好坏无伤大雅。

作为妈妈，比其他人对孩子倾注了更多的爱，只想拍下妈妈视角里的孩子。

爱用相机

作为长期使用的标准物品，我选用了尼康D60，我是个对摄影无知的人，无法拍出专业人士的照片。摄影技术虽大有偏离，照片却洋溢着满满的妈妈味。这台单反相机易操作、好使用，大爱！

拍下生活时光

摆个 pose 笑一笑，这样的照片固然可爱，但孩子们的可爱远远不仅限于此。熟睡时的憨态、似是而非的一举一动、小小的手儿……捕捉住这些不会重来的瞬间、这些可嗔可笑的时光。以后再翻起，万千思绪，胸前澎湃！

也拍人物以外的写真，和谐平衡

提起相册，里面的照片一般都是人物。但还有天空、落叶一样的日常风景、引起我们遐想的物品、室内装饰等，也是某时某地的特定回忆。所以不限于人物，我也经常拍摄其他照片。翻开相册，除了一张张生动的容颜，还有心灵相系的风景，和谐平衡。

哭泣时——按快门的机会

孩子不是一直喜笑颜开，也会执拗嗔怨、也会放声大哭。一模一样的表情只有一次，唯有那时那刻，没有回放的时光机。即使哭泣的模样，也让我无限怜惜。下意识地按下快门，留住感动。他日再翻看时，总会涌起说不出的欣慰。

为了长期持续，先了解方法

孩子的照片整理 Q &A

下面提问来自照片整理讲座及身边友人，

汇总在此，仅供参考！

Q
一起买几本相册?

A

10 本。孩子十岁以前，孩子的相册整理是父母的义务。其间，同样相册也有停产可能，所以要先做好准备，确认相册适用满意后，就利落地下手吧。孩子十岁以后，这份工作准备交给孩子。我也是从那么大开始，自己照相整理相册。

Q
孩子的照片，
总是舍不得处理，怎么办呢?

A

孩子的照片我也是做不到抛弃！即使是半睁着眼的照片，也是舍不得处理，不硬行抛弃，将电子数据保存在 HDD（硬盘）中存档。打印出来的照片当然不能抛弃了，印刷时将想留存的照片好好挑选，以备日后想看找不到。

Q
和朋友的合照怎样共享?

A

和朋友的合照原则上不会印刷，而是数据形式保存。经常一起出游的朋友家庭，都是相同的 iphone 用户，都使用着"手机相册"（P36）可以共享照片。此外，和其他朋友，将照片传到共享网址 30days，告诉其存取方法，下载下来就可以了。

Q
为什么大人和孩子相册不分开?

A

优先考虑可持续性，所以采用了"全家本"的形式。孩子专用的相册能持续三年的，在周围人群中是绝对少数。以后孩子长大，将"珍藏本"送给女儿带到新家庭，将"粗犷本"给儿子就足够了吧? 如果需要两本，那么将电子数据印刷出来就可以了，也是蛮方便的。

Q

夫妻二人原来的照片怎么处理？

A

和老公从恋爱到结婚的照片一直是数据形式，直到怀了宝宝，有了些时间，才整理收放到相册。婚后的照片按每次旅行，与粗犷本采用同样的方式，制作简单相册。这本相册尺寸也一样，所以与每年的相册一同放在橱架上。

Q

照片数据怎么保管？

A

珍藏本照片的电子版保存在 CD-R（光盘）中，放在每本相册的尾页。其他照片数据也不删除，而是保存在 HDD（硬盘）中。但重要照片都印刷出来，以照片的形式保存，即使数据出了问题，还有实物可依，不会消失。HDD 是巴法络 HD-PCT1TU3-WJ "水晶白"。

Q

长期留存的照片，无法一年一本，有什么好方法吗？

A

如果没有办法从一开始一一回顾来整理照片，那么就放宽政策，例如一年挑选出 10 张，规定好每年的照片数量，可以五年或十年做一本相册。如果孩子已经成人了，也可以 20 年做一本，作为给孩子的成人礼，再适合不过了。

Q

自己的旧照片怎么整理？

A

学生时代，特别喜欢自己写上评语、感想制作相册，所以自己的照片很多。那时没有考虑到收纳的方便性，所以相册的形式也是千奇百怪。无法统一规整到橱子上摆放，所以放在纸箱中，与老公的照片一起放到卧室橱子上。（参照 P73）

后　记

在博客开放 5 年，开始自由职业半年的某一天，有人提议"出书吧！"

作为整理收纳顾问召开专题讲座，或作为客户顾问亲临顾客家中整理，其间亲身感悟到"心灵的整理与空间的整理密不可分"。有许多人"因思虑过多而无法向前……"，心态平静，内心丰富之时，思考如何把家人生活基础的家打造成舒适空间，以此为出发点，不必想得过多，动手开始吧。

不期待完美，适度放宽要求，全家人都能其乐融融，这就是我追求的模式。如果能给大家的生活一点启发和指导，将是我最大的荣幸。

在这本书的制作过程中，老公在海外单身出差半年之久，我和孩子三个

人一起生活。感谢在远方给我建议和支持的老公，寂寞中陪我一起努力的两个孩子，还有在期待这本书出版却先行天国的祖母，及永远支持我的父母、给我建议的朋友，谢谢你们！

虽然放到最后，更要感谢与我一起编制此书的热心的 WANI BOOKS 的杉本先生、记者加藤先生、摄影师川井先生、设计 knoma 先生等相关工作人员，还有访问我博客的广大网友，正因为有你们的热心支持，才有了今天的我。感谢大家一直以来的支持和厚爱。谢谢！

2013 年 11 月

Cemi

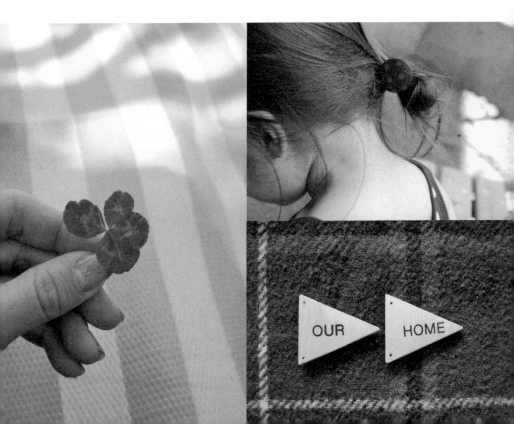

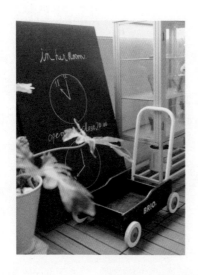

图书在版编目（CIP）数据

家有两个孩子的收纳术 /（日）Emi 著；陈亚男译 .
— 济南：山东人民出版社，2015.5
ISBN 978-7-209-08724-7

Ⅰ.①家… Ⅱ.① E…②陈… Ⅲ.①家庭生活－基本知识 Ⅳ.① TS976.3

中国版本图书馆 CIP 数据核字 (2015) 第 022977 号

OURHOME KODOMO TO ISSHO NI SUKKIRI KURASU by Emi
Copyright © Emi 2013
All rights reserved.
Original Japanese edition published by Wani Books Co., Ltd.

This Simplified Chinese edition is published by arrangement with
Wani Books Co., Ltd, Tokyo in care of Tuttle-Mori Agency, Inc., Tokyo
through Shinwon Agency Co., Beijing Representative Office

山东省版权局著作权合同登记号　图字：15-2014-291

责任编辑：王海涛

家有两个孩子的收纳术

[日] Emi　著　陈亚男　译

山东出版传媒股份有限公司
山东人民出版社出版发行
社　址：济南市经九路胜利大街 39 号　邮　编：250001
网　址：http:// www.sd-book.com.cn
发行部：(0531) 82098027　82098028
北京图文天地制版印刷有限公司印装

规　格　32 开（148mm×210mm）
印　张　4
字　数　50 千字
版　次　2015 年 5 月第 1 版
印　次　2015 年 5 月第 1 次
ISBN 978-7-209-08724-7
定　价　29.80 元

如有质量问题，请与印刷厂调换。010-84488980